Instrumentación 1: Introducción

Alexander Espinosa

Versión 4.1 – 2011

©2011, Alexander Espinosa.

Esta es una obra derivada de Lessons in Industrial Instrumentation de Tony R. Kuphaldt, pero no está financiada, patrocinada, revisada, aprobada o apoyada de ninguna forma por Tony R. Kuphaldt. http://www.openbookproject.net/books

A mis hijos Camilo y Sofía

Indice

1 Introducción   **1**
   1.1 Sistema de control de caldera 5
   1.2 Desinfección de aguas servidas 10
   1.3 Control de un reactor químico 14
   1.4 Otros tipos de instrumentos 16
   1.5 Conclusión 27

Figuras

1.1	Esquema genérico del control industrial . . .	2
1.2	Elementos esenciales de un sistema de control de nivel de agua	6
1.3	Diagrama de instrumentación para el control en una planta de aguas servidas	11
1.4	Control de temperatura en un reactor químico	14
1.5	Medición en un reactor nuclear	16
1.6	Tipos de indicadores	17
	(a) Montado en una pared	17
	(b) Con pantalla numérica	17
	(c) Indicador para uso en terreno	17
1.7	Instrumentos grabadores y registradores . . .	19
	(a) Instrumentos grabadores	19
	(b) Instrumentos registradores	19
1.8	Salida de un instrumento registrador	19
1.9	Registrador de tendencia	20
1.10	Detección de un problema en el control usando los registros de los instrumentos	21
1.11	Sistema de control con switches	22
	(a) Sistema de control de aire comprimido con switches	22
	(b) Sistema de desinfección de aguas servidas usando switches	22
1.12	Foto de un módulo de alarma	24
1.13	Adición de alarmas al sistema de desinfección de aguas servidas	25
1.14	Switches de alarma	25
1.15	Foto de un anunciador	26

1.16 Anunciadores de alarma 27
    (a)   Relés modulares del anunciador 27
    (b)   Circuito de reconocimiento de alarmas . 27

Tablas

1.1 Ejemplo de calibración en un sistema de caldera 9
1.2 Tabla de calibración para el actuador del sistema de control de una caldera 10
1.3 Tabla de calibración práctica para un sistema de caldera de vapor 11
1.4 Tabla de calibración 12
1.5 Calibración de la salida del controlador . . . 13

Prólogo

El estudiante de instrumentación industrial debe conseguir una comprensión de muchos aspectos de la ciencia y la técnica que se utilizan para la obtención de bienes de consumo a través de métodos industriales de proceso. En las industrias de proceso coexisten antiguas y nuevas tecnologías, por lo que el desafío es aún mayor para los jóvenes que intentan obtener el dominio necesario de la instrumentación industrial.

Alexander Espinosa

Capítulo 1

Introducción

La Instrumentación Industrial es la ciencia del control y medición automatizados. La aplicación de esta ciencia está en la industria de investigaciones moderna y en la vida diaria. La automatización nos rodea desde los sistemas de control del motor de los automóviles hasta los pilotos automáticos de aviones, pasando por la fabricación de medicamentos. El primer paso es la medición, naturalmente. Si no se puede medir algo, es mejor no intentar controlarlo. Este algo toma las siguientes formas en la industria:

- Presión de fluido

- Caudal de fluido

- Temperatura de un objeto

- Volumen de un fluido almacenado en un recipiente

- Concentración química

- Posición, movimiento y aceleración de una máquina

- Dimensiones físicas de un objeto

- Conteo (inventario) de objetos

- Voltaje, corriente y resistencia

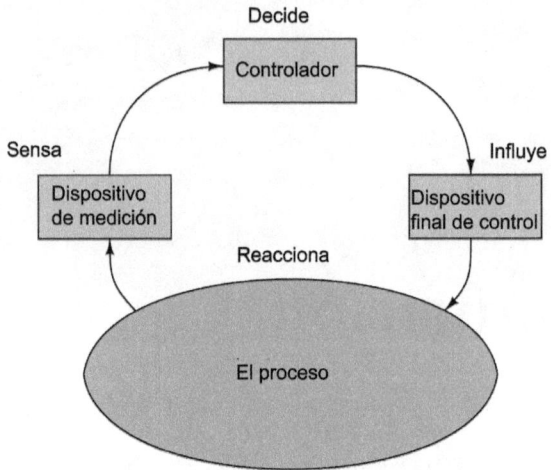

Figura 1.1: Esquema genérico del control industrial

Una vez hecha la medición deseada, normalmente se transmite una señal que la representa hacia un dispositivo indicador o hacia un computador, en el que una acción humana o automatizada tendrá lugar. Si la acción controladora es automatizada, el computador envía una señal hacia un elemento final de control el cual, a su vez, ejerce influencia sobre la magnitud que se está midiendo. El dispositivo final de control, normalmente toma las siguientes formas:

- Válvula de control (para regular el caudal de un fluido)
- Motor eléctrico
- Calentador eléctrico

Tanto el dispositivo de medición (o instrumento de medición), como el dispositivo final de control se conectan a algunos sistemas físicos que son llamados procesos (Fig. 1.1).

Un termostato es un ejemplo de un sistema de medición y control. En este la temperatura del aire al interior de la casa es el "proceso" bajo control. El termostato realiza dos funciones: sensar y controlar, mientras que el calefactor agrega calor y extrae el aire acondicionado para bajar la temperatura. El trabajo del sistema de control es mantener la temperatura del aire a cierto nivel que sea confortable, mientras el calefactor o el aire acondicionado toman las acciones para corregir la temperatura cuando esta se desvíe del valor deseado o *setpoint*.

La instrumentación industrial tiene sus propias definiciones y normas, algunas de las cuales son:

Proceso: El sistema físico que estamos intentando controlar o medir. Ejemplos: sistemas de filtrado de agua, sistemas de fundición, calderas de vapor, refinación de aceite *oil refinery unit* y generadores de energía.

Variable de proceso o PV: La magnitud física que estamos midiendo en el proceso. Ejemplo: Presión, nivel, temperatura, flujo, conductividad eléctrica, pH, posición, velocidad y vibración.

setpoint **SP** o punto de comisionamiento: El valor al que deseamos que se mantenga la variable de proceso.

Elemento principal de sensado o PSE: Un dispositivo que directamente sensa la variable de proceso y traduce la magnitud medida en una representación equivalente (voltaje, corriente, resistencia, fuerza mecánica, movimiento, etc.). Ejemplos: termocupla, termistor, tubo Bourdon, micrófono, potenciómetro, celda electroquímica y acelerómetro.

Transductor: Un dispositivo que convierte una señal estandarizada en otra señal estandarizada y que realiza algún tipo de procesamiento en esta señal. Ejemplo: Convertidor I/P (convierte de una señal eléctrica de 4-20 mA a señal neumática de 3-15 PSI, convertidor P/I (convierte una señal neumática de 3-15 PSI a señal eléctrica de 4-20 mA, extractor de raíz cuadrada (calcula la raíz cuadrada de la señal de entrada). Nota: En general, un transductor es cualquier dispositivo que convierte una forma de energía en otra, tal como un micrófono o termocupla. En instrumentación se reserva el término Elemento Principal de Sensado para describir este concepto y se reserva la palabra Transductor para referirse a la conversión entre normas de señales.

Transmisor: Un dispositivo que traduce la señal producida por un elemento principal en una señal normalizada de instrumentación: presión de aire de 3-15 PSI, corriente eléctrica de 4-20 mA, señal digital de FieldBus y otras. Estas pueden ser transportadas hacia un dispositivo indicador, un dispositivo controlador o ambos.

Valores máximos y mínimos de la gama *Lower-range values* **y** *Upper-range values* **LRV URV** respectivamente: Son los valores de medición del proceso que están calibrados como el valor 0% y el valor del 100% de la escala del dispositivo de medición.

Cero y **Alcance** *Span*: Son sinónimos para LRV y URV y representan los puntos calibrados como el 0% y el 100% de lo que muestra la escala del dispositivo de medición. Por su parte, **Alcance** se refiere al ancho de esta escala (URV − LRV). Por ejemplo: si un transmisor de temperatura estuviese calibrado para medir un intervalo de temperatura empezando en 300°C y terminando en 500°C, el **cero** sería 300°C y el alcance sería 200°C.

Controlador: Un dispositivo que recibe una señal de una variable de proceso (PV) desde un elemento principal de sensado *Principal Sensing Element* o desde un transmisor, compara esta señal con un valor deseado para la variable de procesos (*setpoint*) y calcula una señal de salida apropiada que será enviada a un elemento final de control (FCE) como un motor eléctrico o una válvula de control.

Variable procesada *Manipulated Variable (MV)*: Es un sinónimo para la salida generada por un controlador. Esta es la señal que "manipula" al elemento final de control para poder influenciar el proceso.

Modo automático: Es un modo de funcionamiento donde el controlador genera un señal de salida basada en la relación de la entre la variable de proceso (PV) y el *setpoint* (SP).

Modo manual: Es el modo de funcionamiento donde la habilidad de tomar decisiones del dispositivo controlador es reemplazada dejando que un operario humano directamente envíe la señal de salida hacia el elemento final de control.

Algunos ejemplos de sistemas de control y medición se muestran a continuación:

1.1 Sistema de control de caldera

Las calderas de vapor son muy comunes en la industria, debido a la utilidad que tiene la energía basada en generación de vapor. Los usos más comunes de la fuerza del vapor son:

- Hacer trabajo mecánico (usando máquinas de vapor)
- Realizar calentamiento
- Producir vacíos (usando *eductores*)
- Intervenir en procesos químicos (Ejemplo: Convertir el gas natural en dióxido de carbono e hidrógeno)

El proceso para convertir agua en vapor es muy simple: caliente el agua hasta que hierva. Cualquiera que haya hervido agua en una tetera (o cafetera) se imagina como ocurre el proceso. Hacer que el vapor fluya continuamente es un poco más complicado. Una variable importante a medir en una caldera de agua continuo *continuous boiler* es el nivel de agua en la caldera de vapor *steam drum*. Para producir vapor continuamente en forma eficiente y en forma segura (evitando riesgos para la vida), debemos garantizar que la caldera de vapor no se quede sin agua o que tenga demasiado agua. Si no hubiese suficiente agua en la caldera, los tubos que transportan agua pueden quedarse secos y quemarse debido al calor generador por el fuego. Si hubiese mucha agua en la caldera, el agua líquida podría ser arrastrada junto con el flujo de vapor, creando problemas aguas-abajo en el sistema.

En la siguiente ilustración, se pueden ver los elementos esenciales de un sistema de control de nivel de agua. Se muestra el transmisor, el controlador y la válvula de control (Fig. 1.2).

El primer instrumento en este sistema de control es el transmisor de nivel o **LT**. El propósito de este dispositivo es sensar el nivel de agua en el tanque de vapor y reportar

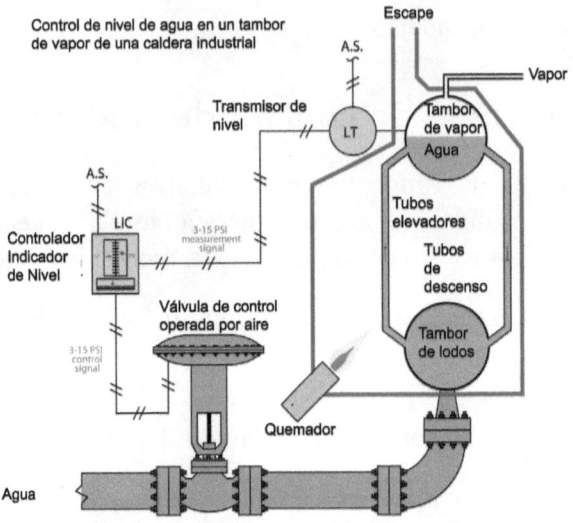

Figura 1.2: Elementos esenciales de un sistema de control de nivel de agua

esta medición a un controlador en la forma de una señal normalizada de instrumentación. En este caso, el tipo de señal es neumática: una presión de aire variable que se envía a través de tubos plásticos o de metal. Mientras mayor sea el nivel de agua en el tanque de vapor, mayor presión será generada por el transmisor de nivel. Debido a que el transmisor es neumático, debe haber una fuente de aire comprimido limpio para hacerlo funcionar, esto significan las marcas A.S. en el diagrama. Esta señal neumática se envía al próximo instrumento en el sistema de control: el controlador indicador de nivel **LIC**. El propósito de este instrumento es comparar los niveles de la señal transmitida con el *setpoint* establecido con anterioridad por un operario, que indica el nivel deseado de agua en la caldera de vapor. Después, el controlador genera una señal indicando a la válvula de control que deje entrar más, o menos agua a la caldera para mantener el nivel de agua en la caldera de vapor, en el *setpoint*. Tanto el transmisor como el controlador de este sistema

1.1. SISTEMA DE CONTROL DE CALDERA

son neumáticos, operando totalmente con aire comprimido. Esto significa que la salida del controlador también es una variable basada en presión de aire y, como sucede con las señales que emite el transmisor, se requiere un suministro de aire comprimido limpio, lo que explica el tubo con la etiqueta A.S. que tiene conectado. El último instrumento en este sistema de control, es una válvula de control que está comandada directamente por la presión de aire generada por el controlador. Esta válvula controladora en particular, usa un diafragma grande para cerrar o abrir la válvula. Para hacer que la válvula vuelva a su posición original se usa un resorte grande que proporciona la fuerza necesaria. La presión de aire en el diafragma sirve para contrarrestar la presión del resorte cuando sea necesario mover el diafragma en el sentido opuesto.

Cuando el controlador está en modo automático mueve la válvula de control a cualquier posición entre abierto y cerrado en la cantidad que sea necesario para mantener el nivel de agua cerca del *setpoint* en la caldera de vapor. La relación entre la señal de salida del controlador, la variable de proceso y el *setpoint* puede ser muy compleja. Si el controlador sensara un nivel de agua que esté encima del *setpoint* haría lo que sea necesario para hacer que el nivel bajase hasta el *setpoint*. Por otro lado, si el controlador sensara que el nivel de agua bajo del *setpoint* hará lo que sea necesario para subirlo. En la práctica, la señal de salida del controlador (considérela igual a la posición de la válvula) es tanto una función de la carga del sistema (cuánto vapor está usando la caldera) como función del *setpoint*. Considere una situación en la que la demanda de la caldera sea muy baja. Si no hubiese mucho vapor saliendo de la caldera, esto significaría que habría muy poca agua siendo convertida en vapor y por lo tanto, sería poco necesario bombear agua hacia la caldera. En esta situación se espera que la válvula de control esté casi cerrada para permitir el agua justa y necesaria para mantener el nivel del tanque de vapor cerca del *setpoint*. Por el contrario, si hubiese gran demanda de vapor desde la caldera, la tasa de evaporación debiese ser mucho mayor.

Esto significa que el sistema de control debe ordenar agregar agua a la caldera con una mayor velocidad para mantener el *setpoint*. En esta situación se podría espera que la válvula de control esté en una posición casi totalmente abierta.

Un operador puede hacer que el sistema de control de esta caldera opere en forma manual. En este modo, la válvula de control estará bajo el control directo del operario y el controlador ignorará la señal que le envíe el transmisor de nivel de agua. Como el controlador también es un indicador, mostrará cuánta agua queda en el tanque de vapor, pero será responsabilidad del operario mover la válvula de control a una posición apropiada para mantener el nivel de agua cerca del *setpoint*. El modo manual es útil para los operarios durante el comisionamiento *puesta en marcha* y decomisionamiento (desmantelamiento). También es útil para los instrumentistas durante la detección de fallas y diagnóstico de funcionamiento. Cuando un controlador está en modo automático, la señal de salida (enviada a la válvula de control) cambia en respuesta a la variable de proceso y los valores de *setpoint*. Cambios en la posición de la válvula de control, a su vez, afectan la señal de proceso debido a su relación física con el proceso. Lo que se tiene aquí es una situación en la que no hay certeza en la relación causa-efecto.

Cuando la señal de la variable de proceso se ve con valores erráticos durante un intervalo de tiempo, puede haber las siguientes interpretaciones:

- Hay un transmisor con fallas (entregando una señal errática)

- La salida del controlador es errática (causando que la posición de la válvula sea errática)

- La demanda de vapor está fluctuando y causando que el nivel de agua cambie como resultado

Mientras se esté en modo automático, no se podrá estar completamente seguro de cuál es la causa de este comportamiento errático, debido a que la cadena de causa-

1.1. SISTEMA DE CONTROL DE CALDERA

Tabla 1.1: Ejemplo de calibración en un sistema de caldera

Salida del transmisor	Nivel de agua en el tambor de vapor
3 PSI	0% (Vacío)
6 PSI	25%
9 PSI	50%
12 PSI	75%
15 PSI	100% (Lleno)

efecto se realimenta haciendo que TODO pueda afectar a TODO en el sistema.

Una forma simple de diagnosticar un problema es usar el modo manual del controlador. En ese momento se puede colocar la señal de salida en el nivel que desee el operario. Si se ve que la señal de proceso rápidamente se estabiliza, podemos concluir que el problema tiene algo que ver con la salida del controlador. Si la variable de proceso rápidamente se vuelve más errática al poner el controlador en modo manual, podemos concluir que el controlador estaba haciendo bien su trabajo y que la causa del problema tiene que ver con el proceso.

Como se ha mencionado anteriormente, este es un ejemplo de un sistema de control neumático, en el que todos los instrumentos operan con aire comprimido y usan aire comprimido como medio de señalización. La instrumentación neumática es una tecnología antigua, de hace muchas décadas. Los instrumentos modernos son electrónicos. Las normas de señalización neumáticas más común es la que marca 3 PSI para el valor más bajo de la escala de medición y 15 PSI para el mayor valor de la escala de medición. Otras escalas usadas son las de 3 − 27 PSI y de 6 − 30 PSI. La siguiente tabla (Tab. 1.1) muestra las diferentes señales de presión y sus equivalencias con la salida del transmisor de nivel.

Para comandar la válvula de control se tiene esta otra tabla (Tab. 1.2)

Tabla 1.2: Tabla de calibración para el actuador del sistema de control de una caldera

Señal de salida del Controlador	Posición de la válvula de Control
3 PSI	0% abierto (cerrado)
6 PSI	25% abierto
9 PSI	50% abierto
12 PSI	75% abierto
15 PSI	100% abierto totalmente

Estas tablas muestran que el transmisor mide todo los valores de nivel de agua que puedan observarse en la caldera de vapor. Una alternativa es hacer que el transmisor se focalice en valores cercanos al *setpoint* para que sea más fino el control. En ese caso, el transmisor podría calibrarse para que solamente sense una gama más estrecha de niveles de agua cercanos a la mitad de la altura de la caldera. Así 3 PSI(0%) no representará una caldera vacía ni 15 PSI(100%) una caldera totalmente llena. Con este tipo de calibración se evita que la caldera quede completamente vacía o completamente llena en el caso de que un operador establezca el *setpoint* cerca de uno de los extremos de la escala de medición.

En la siguiente tabla se muestra este tipo de calibración más práctica (Fig. 1.3).

1.2 Desinfección de aguas servidas

El paso final en el tratamiento de las aguas servidas antes de que sean devueltas al medio ambiente, es matar cualquier bacteria perjudicial que tenga, esto se llama desinfección. El gas *cloro* es un agente desinfectante muy efectivo, sin embargo, no es muy buena idea mezclar un poco de gas *chlorine* cloro en el agua corriente del efluente (descarga de agua servida), porque no se disolvería lo suficiente para que sean afectadas todas las bacterias. También es

1.2. DESINFECCIÓN DE AGUAS SERVIDAS

Tabla 1.3: Tabla de calibración práctica para un sistema de caldera de vapor

Señal de presión de aire del transmisor	Nivel actual de agua en la caldera de vapor
3 PSI	40%
6 PSI	45%
9 PSI	50%
12 PSI	55%
15 PSI	60%

peligroso inyectar mucho cloro porque podrían envenenarse los animales que consumirán posteriormente esta agua, así como otros microorganismos benéficos que ya existen en esta.

Para asegurar la correcta cantidad de inyección de cloro debemos usar un analizador de cloro disuelto para medir la concentración de cloro en el efluente, y usar un controlador que ajuste una válvula de control para poder inyectar siempre la cantidad correcta de cloro. El siguiente diagrama de proceso e instrumentación (P&ID: *Process and Instrument Diagram*) muestra como luce un sistema así (Fig. 1.3).

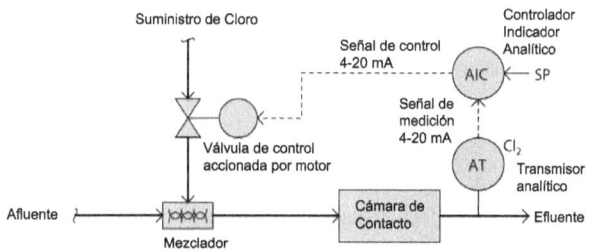

Figura 1.3: Diagrama de instrumentación para el control en una planta de aguas servidas

El cloro gaseoso que llega a través de la válvula de control se mezcla con al agua servida que entra (afluente). Esta

Tabla 1.4: Tabla de calibración

Señal de salida del controlador	Posición de la válvula de control
4 mA	0% abierto (cerrado)
8 mA	25% abierto
12 mA	50% abierto
16 mA	75% abierto
20 mA	100% abierto (totalmente)

permanece un tiempo en la cámara de contacto antes de abandonarla para devolverse al medio ambiente.

El transmisor está etiquetado como (**AT**: *Analytical Transmitter*) porque su función es "Analizar" la concentración de *cloro* disuelto en el agua y transmitir esa información hacia el sistema de control. El "Cl_2" (notación química para la molécula de *cloro*) escrita cerca del analizador aclara que es un analizador de *cloro*. La línea punteada saliendo desde el transmisor indica que la señal es electrónica, no neumática como en el ejemplo anterior. El estándar más común es el que usa de 4 − 20 mA de corriente directa, lo que sirve para representar la concentración de cloro en la misma forma en que la señal neumática de 3 − 15 PSI se usaba para representar el nivel de agua en la caldera de vapor, en el ejemplo anterior (Fig. 1.4).

El controlador se etiqueta **AIC**: se debe a que el controlador es además indicador. Los controladores son etiquetados por la variable de proceso que están a cargo de controlar. Indicador significa que hay alguna forma de pantalla que algún operario o técnico puede leer y que muestre la concentración de cloro. El *setpoint* debe ser ajustado por el operario para que el controlador trate de mantener la concentración indicada en este mediante el ajuste de la posición de la válvula de inyección de cloro.

Una línea de puntos que sale del controlador hacia la válvula indica otra señal electrónica, probablemente de 4-

1.2. DESINFECCIÓN DE AGUAS SERVIDAS

Tabla 1.5: Calibración de la salida del controlador

Señal de salida del controlador	Posición de la válvula de control
4 mA	0% abierto (cerrado)
8 mA	25% abierto
12 mA	50% abierto
16 mA	75% abierto
20 mA	100% abierto totalmente

20 mA DC. Al igual que con la señal de 3 a 15 PSI del ejemplo anterior, la cantidad de corriente eléctrica debe estar directamente relacionada con ciertas posiciones de la válvula (Fig. 1.5).

Nota: En algunos casos es deseable tener un transmisor o válvula de control que responda inversamente. Por ejemplo, la válvula puede estar ajustada para estar totalmente abierta a 4 mA y completamente cerrada a 20 mA. Lo importante es que la variable de proceso enviada por el transmisor y la válvula de control sean representadas proporcionalmente por una señal continua (analógica).

La letra "M" dentro de la válvula de control informa que es una válvula accionada por motor. En lugar de usar aire comprimido para empujar un diafragma apoyado por un resorte, como en el caso del sistema de la caldera, la válvula está accionada por un motor eléctrico que hace dar vueltas a un engranaje reductor. El reductor permite que la válvula gire lentamente aunque el motor lo haga en forma rápida. Un circuito especial electrónico que está al interior del accionador de la válvula permite modular la potencia eléctrica que se entrega al motor eléctrico para asegurar que la posición de la válvula coincida con la señal enviada por el transmisor. Lo último constituye, de por sí, un sistema de control, el cual controla la posición de la válvula de acuerdo a un *setpoint* entregado por otro dispositivo (no por un operario). En este caso, el dispositivo que fija el *setpoint* de la válvula es el controlador **AIT**.

1.3 Control de un reactor químico

A veces se observa una mezcla de señales normalizadas diferentes en un solo sistema de control, como en este caso. Aquí hay tres tipos de señales normalizadas diferentes. El diagrama P&ID muestra la interrelación entre las tuberías (*pipes*) de proceso, los tanques y los instrumentos (Fig. 1.4).

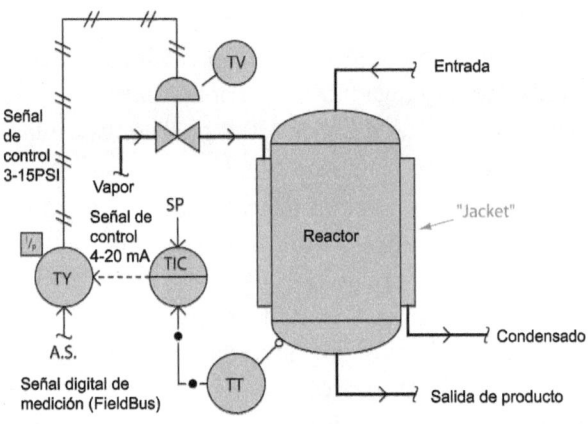

Figura 1.4: Control de temperatura en un reactor químico

El propósito de este sistema de control es asegurar que la disolución química dentro del reactor sea mantenida a una temperatura constante. El *jacket* envuelve el tanque del reactor para transferir calor desde el vapor hacia la disolución química que está dentro. El sistema de control mantiene una temperatura constante midiendo la temperatura en el tanque del reactor y empujando vapor desde una caldera hacia el *jacket* de vapor para agregar más o menos calor: el que sea necesario. Este es un proceso típico de intercambiador de calor . Hay variantes del intercambiador de calor donde la tecnología del reactor y los ingredientes de la reacción pueden ser diferentes, pero el esquema de control es el

1.3. CONTROL DE UN REACTOR QUÍMICO

mismo. El esquema de control puede llegar a ser más complicado cuando se intenta medir el condensado, pero no será visto aquí. Comenzaremos la descripción por el transmisor de temperatura, localizado cerca de la parte de abajo del tanque. Note el tipo diferente de línea usada para conectar el transmisor de temperatura **TT** con el controlador indicador de temperatura **TIC**: puntos sólidos entre ellos. Esto significa que se está usando una señal digital de tipo FieldBus, en vez de señales analógicas como las de 4 − 20 mA y las de 3 − 15 PSI. El transmisor en este sistema es en realidad un computador, también lo es el controlador. El transmisor reporta la variable de proceso (temperatura del reactor) hacia el controlador usando bits digitales de información. Aquí no existe la escala de 4 − 20 mA, sino que hay pulsos de voltaje o corriente representando estados 0 y 1 de datos binarios.

Las señales de instrumentación digital no sólo son capaces de transferir datos sencillos de proceso, sino que también pueden llevar información sobre el estado de los dispositivos (tales como resultados de pruebas de auto-diagnóstico). En otras palabras, la señal digital que viene del transmisor no solo le dice al controlador que tan caliente está el reactor, sino que le dice al controlador que tan bien está funcionando el transmisor.

La línea punteada saliendo del controlador muestra que la señal es de electrónica analógica: 4 − 20 mA DC. Esta señal electrónica no va directamente a la válvula de control, sino que pasa a través de un dispositivo llamado **TY** que es un transductor que convierte de 4 − 20 mA a una señal neumática de 3 − 15 PSI que, a su vez, acciona la válvula. En esencia, este transductor, actúa como un regulador de presión de aire controlado eléctricamente, tomando el suministro de aire (que va de 20 − 25 PSI) y regulándolo hacia abajo, al nivel comandado por la salida electrónica del controlador.

En la válvula de control de temperatura **TV** la señal neumática de 3 − 15 PSI aplica una fuerza en el diafragma para mover el mecanismo de la válvula en contra de la fuerza opuesta de un resorte grande. La construcción y operación

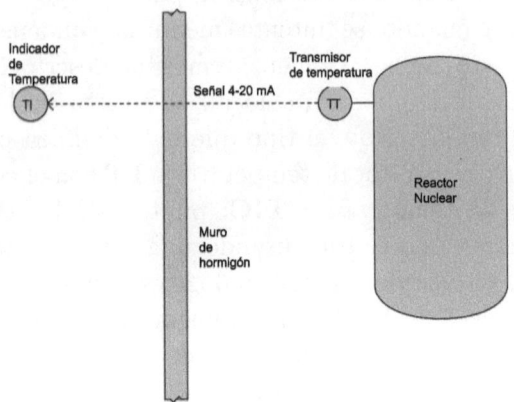

Figura 1.5: Medición en un reactor nuclear

de esta válvula es la misma que de la válvula de alimentación del ejemplo de la caldera de agua: neumático.

1.4 Otros tipos de instrumentos

Hasta aquí hemos visto instrumentos que sensan, controlan e influencian variables de proceso. Transmisores, controladores y válvulas son ejemplos respectivos de cada tipo de instrumento. Sin embargo hay instrumentos que realizan otras funciones que son igualmente útiles.

Indicadores

Un instrumento auxiliar es el **indicador**, el propósito del cual es proporcionar una indicación que puedan entender las personas. Muchas veces, los transmisores no tienen indicadores, solo transmiten la señal normalizada hacia otro dispositivo. Un indicador permite hacerse una idea de lo que un transmisor transmite sin que sea necesario instalar equipos de prueba (*pressure gauge* o galgas de presión para las señales de 3 − 15 PSI o un amperímetro para las de 4 − 20 mA) y tener que realizar cálculo de conversiones.

1.4. OTROS TIPOS DE INSTRUMENTOS

Además, los indicadores podrían estar instalados lejos de los transmisores correspondientes para permitir la lectura en lugares más convenientes que el sitio donde esté instalado el transmisor. Por ejemplo, vea el siguiente sistema de medición de un reactor nuclear (Fig. 1.5).

Debido a los grandes niveles de radiación que un reactor nuclear puede emitir cuando está en operación a toda potencia, las personas podrían resultar con problemas de salud si es que están cerca. El transmisor de temperatura está diseñado para soportar esta radiación, así es que transmite una señal de 4 − 20 mA hacia un dispositivo indicador y grabador que esté fuera de los muros de contención de la radiación, en un lugar donde sea seguro para la salud de las personas. No hay nada que impida tener más de un indicador en diferentes lugares que estén conectados al mismo cable que lleva la señal que viene de este transmisor. Esto permite que se muestren indicaciones en tantos lugares como se desee, puesto que no hay limitaciones absolutas en cuánto a qué lejos se puede llevar una señal de DC a través de cables de cobre.

En la foto se muestra un indicador montado en un panel con una barra gráfica y numérica (Fig. 1.6a).

Este indicador en particular, fabricado por *Weschler*, muestra la posición de una compuerta de control de flujo en una instalación de tratamiento de aguas servidas. La indicación es numérica (98.06%) y también se expresa por la altura de una barra gráfica (muy cerca de totalmente abierto − 100 %).

Un indicador montando en panel de un estilo menos

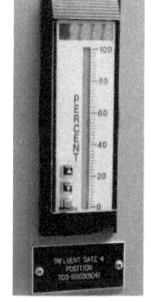

(a) Montado en una pared

(b) Con pantalla numérica

(c) Indicador para uso en terreno

Figura 1.6: Tipos de indicadores

sofisticado muestra solamente una pantalla numérica, tal como el mostrado en la siguiente foto, que pertenece a Red Lion Controls (Fig. 1.6b).

Los indicadores pueden ser usados también en terreno (*field process* para dar indicación directa en caso de que los transmisores no ofrezcan indicación por sí mismos. La foto siguiente muestra un indicador montado en campo, de marca *Rosemount*, que opera directamente con la electricidad disponible del *loop* de 4 − 20 mA (Fig. 1.6c).

Grabadores

Otro tipo de instrumentos auxiliares es el grabador o registrador *recorder, chart recorder o trend recorder*, el propósito del cual es dibujar un gráfico de la variable de proceso con respecto al tiempo. Los registradores normalmente poseen indicadores para mostrar el valor instantáneo simultáneamente con los valores históricos, por esa razón también se llaman indicadores. Un registrador indicador de temperatura para el sistema de reactor nuclear previamente mostrado se ha etiquetado como **TIR**. También existen registradores de tipo chart que utilizan una hoja redonda que rota bajo un lápiz, accionado por un servomecanismo que obedece a una señal de instrumentación.

Un *chart recorder* circular usa una pieza redonda de papel, que rota bajo un bolígrafo controlado por un servomecanismo que responde a una señal de instrumentación. Dos de estos *chart recorders* son mostrados en la foto (Fig. 1.7a).

Dos *chart recorders* se muestran en la siguiente foto, un registrador con cinta a la derecha y otro sin papel a la izquierda. El registrador de cinta usa un rollo de papel en el que dibujan uno o más lápices que se mueven, mientras que el registrador sin papel muestra líneas de tendencia en una pantalla de computador (Fig. 1.7b).

Los registradores son muy útiles para encontrar fallas en un sistema de control de proceso. Sobre todo cuando no sólo se grabe la variable de proceso sino que se guarden los *setpoints* y las variables de salida. Se muestra un ejemplo

1.4. OTROS TIPOS DE INSTRUMENTOS

(a) Instrumentos grabadores   (b) Instrumentos registradores

Figura 1.7: Instrumentos grabadores y registradores

de un gráfico de tendencia que revela la relación entre la variable de proceso, el *setpoint* y la salida del controlador en modo automático, tal como fue grabado por un registrador (Fig. 1.8).

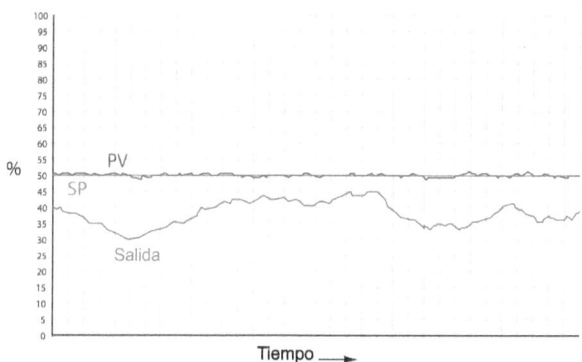

Figura 1.8: Salida de un instrumento registrador

Aquí, el *setpoint* aparece como una línea recta (de color rojo), la variable de proceso muestra un poco de oscilación (línea azul) y la salida del controlador se muestra como una curva muy oscilante (color violeta). Note que el controlador está realizando exactamente lo que se espera de este: mantener a la variable de proceso cerca del *setpoint*, a través de la manipulación del elemento final de control tanto como sea necesario. La apariencia errática de la señal de salida no es en realidad un problema, lo que contraría nuestra primera impresión. El hecho de que la variable de proceso nunca se desvíe significativamente del *setpoint* nos dice que el sistema está operando muy bien. Entonces, ¿a qué se debe la salida tan extraña del controlador? Se debe a variaciones en la carga del proceso. El controlador está forzado a compensar estas variaciones para que la variable de proceso no se corra del *setpoint*. Ahora, quizás haya un problema en algún lugar en el proceso, pero con seguridad no es un problema del sistema de control.

Los registradores se convierten en herramientas poderosas de diagnósticos cuando se usan en conjunto con el modo manual de control. Cuando se pone un controlador en modo manual y se permite a un operario que controle el elemento final de control (válvula, motor, calentador), se puede saber mucho del proceso. Aquí hay un ejemplo de un registrador de tendencia en un proceso que está en modo manual, donde la respuesta de la variable de proceso se ve en relación con la salida del controlador, en la medida que esa salida es manipulada (por el operario) en pasos incrementales y decrementales (Fig. 1.9).

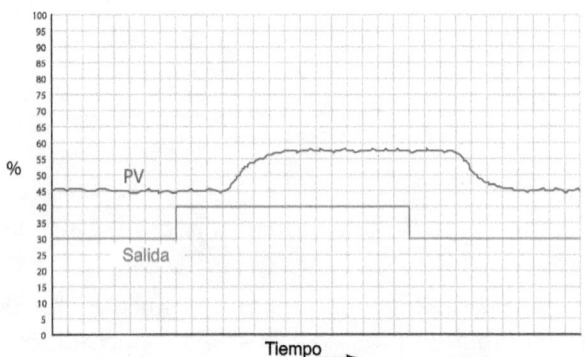

Figura 1.9: Registrador de tendencia

Note que hay un retraso en la respuesta del proceso a los cambios en la señal de salida del controlador. Esta demora

1.4. OTROS TIPOS DE INSTRUMENTOS

no es buena, en general, para un sistema de control. Imagine que alguien tratase de guiar un auto cuyas ruedas delanteras respondan sí, pero solo después de 5 segundos después que se haya movido el volante. Los sistemas de control industrial tienen, con frecuencia, este problema entre el transmisor y el elemento final de control. Las causas típicas para esto problema son:

1. Existe una demora de tránsito desde el lugar desde el punto de control hasta el punto de medición

2. El elemento final de control tiene problemas mecánicos

El siguiente ejemplo muestra otro tipo de problema que puede ser detectado con una grabación de tendencia durante pruebas en modo manual (Fig. 1.10).

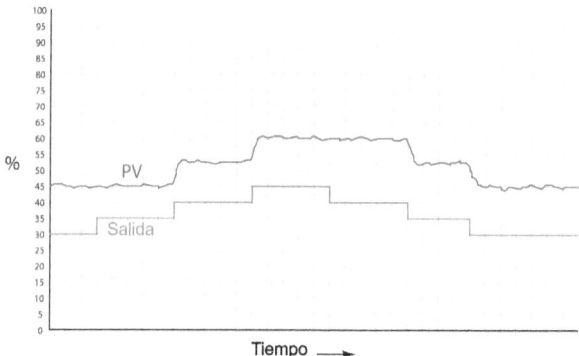

Figura 1.10: Detección de un problema en el control usando los registros de los instrumentos

Aquí, vemos que el proceso responde rápidamente a todos los cambios de escalón en la salida del controlador excepto cuando los cambios ocurren en la dirección opuesta. Este problema se presenta usualmente debido a la fricción mecánica en el elemento final de control como por ejemplo, cuando una válvula se traba debido a fallas en la empaquetadura *stem packing*, esto es equivalente al caso en que un conductor deba mover las ruedas un poco más después de haber cambiado de dirección. Las personas que hayan conducido un tractor antiguo saben como se manifiesta este problema afectando la habilidad para mantener el tractor siguiendo un camino recto.

Alarmas y Switches de Proceso

Otro tipo de instrumentos comúnmente visto en sistemas de control y mediciones son los *switches*. El propósito de un *switch* es encender y apagar condiciones variantes del proceso. Normalmente, los *switches* son usados para activar alarmas para alertar a los operarios para que éstos tomen acciones especiales. En otras ocasiones, los *switches* son usados para controlar directamente dispositivos de control.

El siguiente diagrama P&ID de un sistema de control de aire comprimido muestra ambos usos del *switch* (Fig. 1.11a).

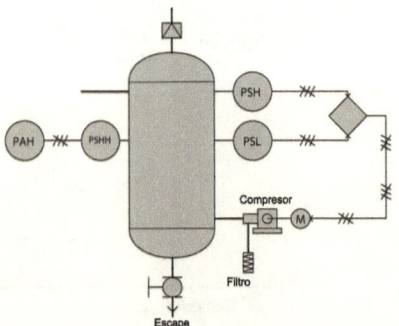

(a) Sistema de control de aire comprimido con switches

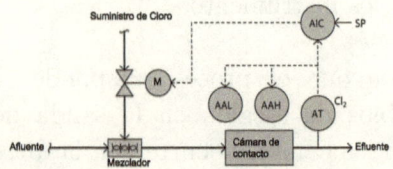

(b) Sistema de desinfección de aguas servidas usando switches

Figura 1.11: Sistema de control con switches

1.4. OTROS TIPOS DE INSTRUMENTOS 23

El **PSH** (*pressure switch, high*) *switch* de presión alto se activará cuando la presión de aire en el tanque alcance su punto de control alto. El **PSL** (*pressure switch, low*) *switch* de presión bajo se activará cuando la presión de aire en el tanque caiga por debajo de la presión de control inferior. Ambos *switches* alimentan señales discretas eléctricas en un dispositivo de control (se indica con un rombo en el diagrama) el cual controla la partida y parada de un compresor de aire accionado por un motor eléctrico. Otro *switch* en este sistema es etiquetado como **PSHH** (*pressure switch, high-high*), el *switch* de presión high-high se activa solamente cuando la presión de aire dentro del tanque exceda el nivel por encima del punto alto de cierre especificado para el **PSH**. Cuando este *switch* se active es porque algo malo ha pasado con el sistema del compresor y la alarma de presión alta **PAH** (*pressure alarm, high*) se activará para avisarle, a su vez, a un operario. Los tres *switches* en este sistema de control de compresión de aire están directamente accionados por la presión de aire en un tanque. En otras palabras, son *switches* de sensado de proceso. Es posible construir *switches* para interpretar señales de instrumentación normalizadas, como las neumáticas, de 3 a 15 PSI o las electrónicas (de 4 a 20 mA), lo que permite construir sistemas de control *On-Off* y alarmas para cualquier tipo de variable de proceso que puedan ser medidas con un transmisor.

Por ejemplo, el sistema de desinfección de aguas servidas con *cloro* mostrado anteriormente puede estar equipado con alarmas basadas en *switches* para avisarle a un operario que la concentración de *cloro* excede ciertos límites predeterminados, sean límites altos o bajos (Fig. 1.11b).

Las etiquetas **AAL** y **AAH** se refieren a *analytical alarm low* y *analytical alarm high*, respectivamente. Su construcción es más simple porque ambas alarmas reciben señales de 4 a 20 mA que vienen del transmisor analítico **AT** y no del sensado directo del proceso. Si fuesen *switches* de sensado de proceso, cada uno debiese estar equipado con la capacidad para sensar directamente la concentración de *cloro*. En otras palabras, cada *switch* tendría que tener su propio analizador de concentración de *cloro*, con toda la complejidad inherente a éstos dispositivos.

Un ejemplo de tal alarma (disparada por una corriente de 4 - 20 mA es el modelo *SPA (Site Programmable Alarm)* fabricado por *Moore Industries* que se muestra aquí (Fig. 1.12).

Además de proporcionar la capacidad de alarma, el módulo SPA también ofrece una pantalla digital LCD para mostrar el valor de la señal con fines de operación o diagnóstico.

Al igual que otros módulos de alarma accionados por corriente, el *SPA* de *Moore Industries* puede ser configurado para *trip* disparar contactos cuando la señal de corriente alcance umbrales previamente programados. Algunos de estos tipos de alarmas que proporciona esta unidad son *high process, low process, out-of-range* y *high rate-of-change*.

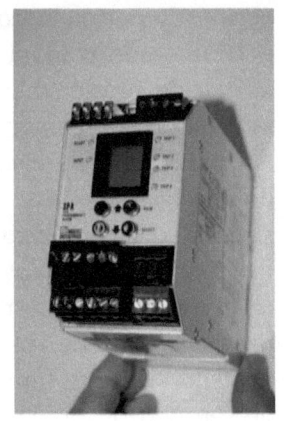

Figura 1.12: Foto de un módulo de alarma

Se pueden agregar alarmas a sistemas que ya usan sensores neumáticos. En el ejemplo de la caldera de vapor, se podrían colocar alarmas de nivel alto y de nivel bajo a los transmisores neumáticos de nivel (Fig. 1.13).

Estos dos *switches* accionados por presión servirán como alarmas de nivel de agua, porque la señal de presión de aire que actúa sobre estos viene desde los transmisores neumáticos, los cuales envían una presión de aire en proporción directa con el nivel de agua en el tanque de vapor. Aunque el estímulo físico actuando en cada *switch* es una presión de aire, los *switches* sirven como señal de alarma de nivel de líquido porque la presión de aire es una representación equivalente al nivel de agua en el tanque de vapor (Fig. 1.14).

Los *switches* de alarma de proceso pueden ser usados

1.4. OTROS TIPOS DE INSTRUMENTOS

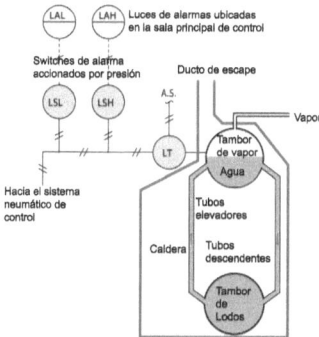

Figura 1.13: Adición de alarmas al sistema de desinfección de aguas servidas

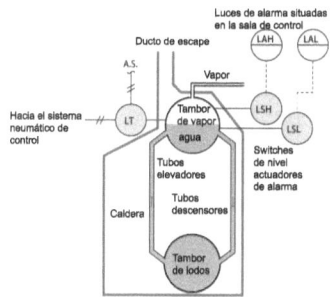

Figura 1.14: Switches de alarma

para disparar otro tipo de elementos llamados anunciadores. Estos deben avisar a un operario para que tome una acción. Generalmente cuentan con un sistema de botones para que el operario pueda notificar al sistema que está en conocimiento del aviso. Lo anunciadores están diseñados para llamar la atención de los operarios y para esto utilizan sonidos fuertes y no se desactivarán hasta que se haya restablecido la normalidad.

La foto muestra un anunciador localizado en un panel de control de un gran motor accionado por una bomba (Fig. 1.15). Cada cuadrado plástico con letras escritas es un panel translúcido que cubre a una pequeña lámpara. Cuando haya una condición de alarma, la lámpara respectiva hará flash, lo que hará que el plástico translúcido brille, indicando al operario qué alarma está activa.

Figura 1.15: Foto de un anunciador

Note que hay dos pushbutton etiquetados con **Test** y **Acknowledge**. Al presionar el segundo se silenciará la alarma y hará que cualquier ampolleta que esté parpadeando permanezca con una luz fija. Al presionar el *pushbutton* **Test** se encenderán todas las alarmas para asegurar que las luces estén funcionando.

Al abrir el panel frontal del anunciador se pueden observar los relés modulares que controlan las funciones de parpadeo y de retención de respuesta del operario *acknowledgement*, uno para cada luz de alarma.

El diseño modular permite que cada alarma de canal pueda ser intervenido sin que se deba interrumpir el funcionamiento de los restantes canales de alarma.

La característica de *Acknowledge* se puede conseguir con un circuito electrónico conocido como *S-R latch* (Fig. 1.16b).

En la actualidad las alarmas presentan mayor información sobre el origen de la condición de alarma, una vez que pueden ser procesadas por computadores. De esta forma es posible tener un registro histórico previo a la falla así como sistemas expertos que puedan aconsejar un curso de acción. También se pueden implementar varias secuencias de *acknowledgement/access*.

(a) Relés modulares del anunciador

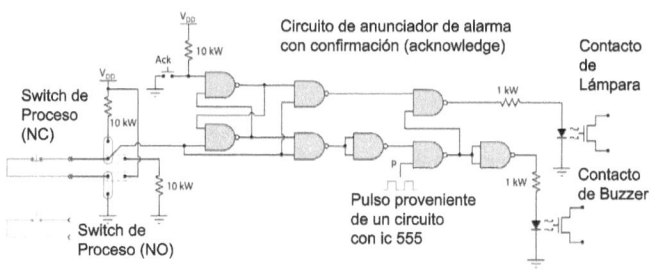

(b) Circuito de reconocimiento de alarmas

Figura 1.16: Anunciadores de alarma

1.5 Conclusión

Los instrumentistas deben mantener el uso seguro y eficiente de las operaciones de mediciones industriales y los sistemas de control. Esto requiere el dominio de un gran conjunto de habilidades técnicas. Instrumentación es más que física, química, matemática, electrónica, mecánica y teoría de control juntos. Un instrumentista debe entender todos estos temas en forma aproximada, pero más importante es que conozca cómo cada área se relaciona con las otras. La característica holística (ver el todo, más que las partes que lo componen) de esta profesión hace que sea muy interesante.

A lo que se agrega el desafío de tener que dominar las nuevas tecnologías. Sin embargo, las nuevas tecnologías no reemplazan los sistemas actuales, por lo que también es necesario conocer los instrumentos antiguos. Un buen instrumentista debe sentirse confortable con ambas tipos de tecnologías y estar consciente de las ventajas y limitaciones de cada una.

Una habilidad muy importante para un instrumentista es la capacidad de aprender por sí mismo. Quizás el factor más determinante en la habilidad de una persona para aprender independientemente es su habilidad para leer. En esta época no es difícil encontrar qué leer, pero sí es difícil encontrar personas dispuestas a hacerlo y que además les resulte. No se restrinja a solo leer el libro, ráyelo, escriba notas, destaque. En el caso de que lo esté leyendo en su versión pdf, kindle, mobi y otros, use la característica de anotación que poseen programas como mobipocket y otros lectores. No lea pasivamente, sino que intente imaginar un diálogo con el autor o participe con comentarios en foros, blogs y redes sociales que traten del tema. Es aconsejable que escriba sobre lo que ha aprendido, porque en el proceso de expresarse con sus propias palabras se consolida el aprendizaje.

www.ingramcontent.com/pod-product-compliance
Lightning Source LLC
Chambersburg PA
CBHW020956180526
45163CB00006B/2385